生物科技

撰文/黄嬿伦　巫红霏　　　审订/庄荣辉

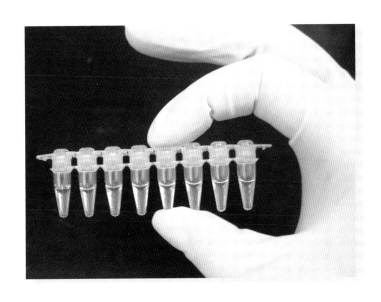

中国盲文出版社

怎样使用《新视野学习百科》?

> 请带着好奇、快乐的心情，展开一趟丰富、有趣的学习旅程！

1 开始正式进入本书之前，请先戴上神奇的思考帽，从书名想一想，这本书可能会说些什么呢？

2 神奇的思考帽一共有 6 顶，每次戴上一顶，并根据帽子下的指示来动动脑。

3 接下来，进入目录，浏览一下，看看这本书的结构是什么，可以帮助你建立整体的概念。

4 现在，开始正式进行这本书的探索啰！本书共 14 个单元，循序渐进，系统地说明本书主要知识。

5 英语关键词：选取在日常生活中实用的相关英语单词，让你随时可以秀一下，也可以帮助上网找资料。

6 新视野学习单：各式各样的题目设计，帮助加深学习效果。

7 我想知道……：这本书也可以倒过来读呢！你可以从最后这个单元的各种问题，来学习本书的各种知识，让阅读和学习更有变化！

神奇的思考帽

客观地想一想

用直觉想一想

想一想优点

想一想缺点

想得越有创意越好

综合起来想一想

? 生活中会看到哪些生物科技的相关产品？

? 你喜欢克隆动物吗？

? 生物科技对于环境保护有什么好处？

? 生物科技可能带来哪些伦理问题？

? 若能够改造基因，你想为自己加入什么功能的基因呢？

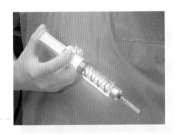

? 生物科技对你有什么影响？如果没有生物科技，谁受到的影响最大？

目录

CONTENTS

什么是生物科技

（发现酒精发酵原理的巴斯德，被视为生物科技的启蒙者，图片提供/维基百科）

从古老的发酵技术开始，人们就懂得利用生物来生产食品，而现代的生物科技则是DNA结构破解后，才有显著的进展。

传统与现代生物科技

生物科技顾名思义就是"利用生物机能来制造产品并改进传统程序的技术"。其实早在公元前6,000年，人类就知道利用微生物的发酵来酿啤酒、做面包等，这些传统生物科技早就在世界各地发展出来，只是当时的人们还不了解其中的原理。

1953年DNA分子结构破解后，发展出分子生物学，科学家不再只是单独利用生物制造产品，还能直接对生物进行改造和复制，从此生物科技进入新的境界，这时的生物科技称为现代生物科技。现代生物科技可说是21世纪的明星产业，不断有新的技术出现，应用的范围也愈来愈广。

人们很早就懂得以乳品来制造奶酪，图为17世纪阿拉伯地区描写中世纪饮食文化的书上有关奶酪的插画。（图片提供/维基百科）

数千年前的古埃及人就懂得利用传统生物科技酿造啤酒。（图片提供/维基百科，摄影/E. Michael Smith Chiefio）

现代生物科技的范围

现代生物科技的发展有赖于生命科学的基础研究累积，主要包括生物化学、分子生物学、细胞学、微生物学、遗传学和免疫学等。根据这些学科的基础知识，科学家发展出各种技术，除了传统的微生物发酵，还有微生物工厂、基因重组工程、蛋白质工程、细胞和组织培养等方法。人们凭借这些技术制造出所需的产品。

现代生物科技应用的范围很广，其中用于医疗的科技发展最快，以诊断疾病和生产药物为主，甚至可以直接利用基因治病。此外，还可运用在农林渔牧业，如农作物品种改良、食品加工检验、生物农药等。在环境日益恶化的情况下，科学家也致力于利用生物科技降低环境污染，同时研究可分解的新材料。

分子生物学

现代生物科技发展与分子生物学息息相关。分子生物学指的是细胞内分子层面的研究，这是一门综合化学、生物、物理的跨学科研究。所谓分子层面，指的是DNA、RNA及蛋白质在细胞内彼此交互作用所产生的关系网络。分子生物学的影响范畴包含几个学科：研究基因功能与表现的遗传学、探讨基因与蛋白质关联的分子生物学、寻找细胞内各分子作用的细胞生物学、探索蛋白质功能的生物化学与物理生物学等。有了分子生物学的知识作为基础，科学家才能发展出各种生物科技。

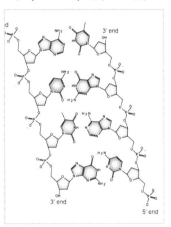

了解生物体内的各种大分子，才能进行生物科技研究。图为DNA的化学结构。（图片提供/维基百科）

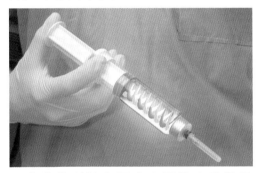

现代生物科技在医疗方面的应用发展最快，许多新的蛋白质药物都是生物科技的产品。（图片提供/达志影像）

解构DNA之后，科学家才可能进行重组、合成等基因工程，让现代生物科技蓬勃发展。（图片提供/达志影像）

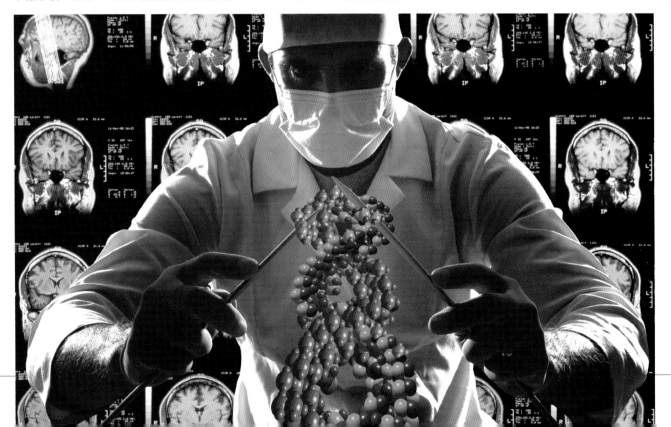

生物科技与生命现象

（利用生物科技可以使大肠杆菌生产胰岛素，图片提供/维基百科）

要利用微生物或其他真核生物来制造所需产品，必须先了解生物体内的运作机制，尤其是细胞内的各种生命现象。

微生物学是生物科技发展的基础之一，不管是传统或现代生物技术，都运用到微生物繁殖快、代谢能力强的特性。图为酵母菌。（图片提供/维基百科）

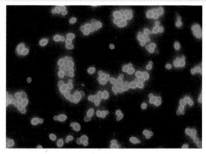

细胞的运作

在自然界中，必须具有代谢、生长、繁殖等生命现象才可称为生物，而生物科技就是利用这些生命基本机制来制造产品。

细胞的生命现象依赖核酸、蛋白质、糖类和脂质4种大分子相互合作。核酸包含DNA和RNA，负责记载和传递基因遗传信息。蛋白质是基因解码的产物，由连续的氨基酸构成，是细胞中许多构造的主要成分；此外，酶也是由蛋白质组成，用来调

控基因的表现和细胞内的化学反应。糖类在生命现象中最重要的功能是贮藏能量，并可进行蛋白质修饰，以改变蛋白质的性质和结构。脂质则是构成细胞膜的成分，有些激素也属于脂质。

在细胞中，位于细胞核中的DNA经转录产生RNA，RNA再运送到细胞质中，转译产生蛋白质，而蛋白质、糖类、脂质又能直接或间接调控DNA的表现，各种分子间形成密切又复杂的关系网络。

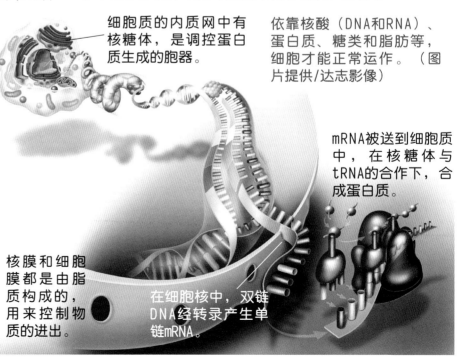

细胞质的内质网中有核糖体，是调控蛋白质生成的胞器。

依靠核酸（DNA和RNA）、蛋白质、糖类和脂肪等，细胞才能正常运作。（图片提供/达志影像）

mRNA被送到细胞质中，在核糖体与tRNA的合作下，合成蛋白质。

核膜和细胞膜都是由脂质构成的，用来控制物质的进出。

在细胞核中，双链DNA经转录产生单链mRNA。

微生物与真核生物

微生物包含病毒、原核生物（如细菌）和简单的真核生物（如霉菌和酵母菌）。病毒介于生物与非生物之间，它的遗传物质可以进入其他细胞中，控制细胞的运作，以复制更多病毒。科学家利用这种繁殖方式，以病毒作为载体，将基因片段送入细胞中。此外，

动手制作DNA模型

DNA的双链螺旋到底是什么样子？碱基之间又是如何配对的？动手做DNA模型，你就会明白了！材料：彩色吸管共5种颜色、直径2cm的塑料球约22颗、牙签、竹签。

1. 先将蓝色吸管截成小于牙签的长度，以1根吸管1颗塑料球的接力方式串起，最后扭成麻花状。
2. 将吸管依颜色两两配对：紫配黄，蓝配绿。将每对吸管中一色一端剪出约0.5cm的缺口，再将有缺口的那一色插入另一根吸管中。
3. 于平行的2颗塑料球中，各接上一个配对，每对吸管中都穿入竹签。
4. 最后再调整外围和配对连接起来的部分，DNA结构模型就完成了。

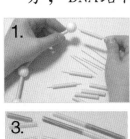   

（制作/杨雅婷）

病毒会将遗传物质注入寄主细胞内，控制细胞的运作，因此常被用来作为载体。（图片提供/维基百科）

细菌的质体（主要染色体之外的小型环状DNA）也是常用的载体，用来运送基因。

由于微生物的生命周期短、繁殖力强，再加上容易培养，所以常用来大量生产。不过微生物的细胞运作与其他真核生物不同，因此无法制造需要进一步修饰的蛋白质，制造这类蛋白质就要靠真核生物的细胞，而主要的生产方式是细胞培养与组织培养。

流行性感冒病毒的包膜与寄主细胞膜融合，释放出遗传物质，控制细胞并合成病毒的结构，最后再形成新的病毒。（图片提供/达志影像）

病毒
病毒蛋白质
病毒DNA
寄主细胞
组合成新病毒

基因定序

（电泳，图片提供/维基百科）

DNA是由A、T、C、G这4种碱基排列组合而成，这样简单的遗传密码所构成的基因世界却是千变万化的。

DNA定序

基因是指一段可以指导合成蛋白质的DNA，了解基因的第一步就是判读这段DNA的碱基序列。人类有23对染色体，共有约32亿个碱基对，如果每秒分析一对碱基，夜以继日也要花上100年才可能完成。但自动化核酸定序仪的发明，使得这样浩大的工程得以提前完成。

由于定序仪一次只能解读500—1,500个碱基对，而一个人类染色体至

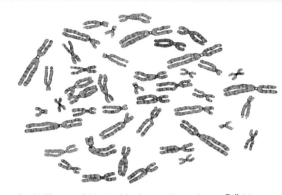

人类的23对染色体中，有32亿个碱基对，包含了人类的所有基因，同时还记录了人类进化的痕迹。（图片提供/达志影像）

少有5,000万个碱基对，所以在定序前必须先用酶将DNA经过数次切割，得到适当长度的DNA小片段。定序仪将每个小片段DNA分别定序，最后再整合出整个染色体的序列。

人类基因组计划

一个生物细胞内的基因总和称为基因组。为了了解人类的基因组，1985年美国提出人类基因组研究计划，并从1990年开始，通过多国的合作，原计划以15年的时间绘制出人类基因图谱

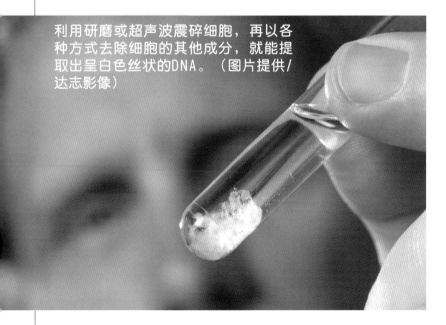

利用研磨或超声波震碎细胞，再以各种方式去除细胞的其他成分，就能提取出呈白色丝状的DNA。（图片提供/达志影像）

（基因在染色体上的位置），并确定所有染色体的DNA序列。

随着基因定序技术不断进步，人类基因组的草图在2000年便提前完成，并于2003年正式完成整合。这项多国参与的科学计划大大促进了21世纪的生物科技发展，被认为是继曼哈顿原子弹计划、阿波罗登月计划之后，人类科学史上的第三大工程。

人类基因图谱完成之后，科学家陆续有许多重大的发现。他们发现人类基因数目比预期来得少，在基因解码前，科学界原本预估人类有10万个基因，但实际上却只有2万—3万个。此外，发现基因在染色体上的分布并不平均，有些染色体上的基因分布很密集，有些片段却没有基因分布。

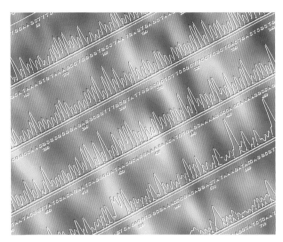

第6号染色体上人类白细胞抗原（HLA）基因的部分序列。HLA是产生白细胞抗原的多型性基因，基因序列有500种以上的变异。（图片提供/达志影像）

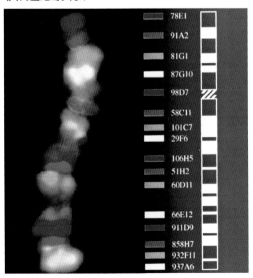

用荧光灯照射人类第10号染色体，每一种颜色都是一段特殊序列的DNA，在减数分裂时可进行染色体交换。（图片提供/达志影像）

桑格与双脱氧链终止法

双脱氧链终止法的发明可说是人类基因组计划的关键之一，到现在还是最常用的DNA定序方法。它是由英国生物化学家桑格发明出来的，主要是靠终止DNA链复制，来得到长度不同的DNA片段，再利用电泳分离这些片段。桑格是至今唯一获得过两次诺贝尔化学奖的人。第一次在1958年，得奖原因是首次完整定序出胰岛素的氨基酸序列，证明蛋白质具有明确构造。1980年因发明双脱氧链终止法，再次获得诺贝尔化学奖。

由桑格发明的DNA定序法是人类基因组计划的根本，他也因此第二次获得诺贝尔化学奖。（图片提供/维基百科）

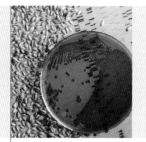

基因工程

（转基因小麦，图片提供/维基百科）

基因工程又称为离体DNA重组技术，亦即操纵生物遗传密码的技术，是现在最常用的生物科技。

基因重组的方法

当破解了一个基因的DNA序列之后，科学家就可以将特定功能的基因放到另一个生物体内，这就是基因工程。目前的基因工程技术是源自于分子生物学的发展，它可将目标基因与载体DNA在体外进行组装，然后把重组后的DNA分子送入目标细胞中，进行增殖和表达。

基因重组技术包含4个步骤：首先利用能切割特定DNA序列的"分子剪刀"（又称为限制酶），分别切割出目

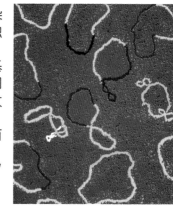

质体是细菌染色体以外的独立环状DNA，常用来作为基因的载体。图为改造后的大肠杆菌质体，黄色是细菌原本的DNA。
（图片提供/达志影像）

标基因与载体DNA；然后再用"分子糨糊"（连接酶），将带有相同切口的目标基因与载体DNA接合起来，形成重组DNA；接着将这个重组好的DNA送入特定宿主细胞中；最后挑选出稳定的宿主细胞，进行重组DNA的复制或表达。

利用基因重组技术，可以让大肠杆菌生产人类生长激素，大为降低生产成本。（插画/陈志伟）

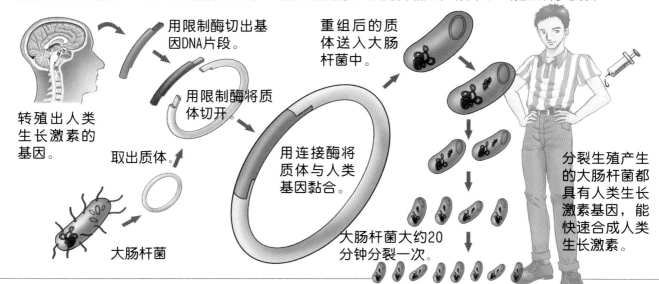

转殖出人类生长激素的基因。

用限制酶切出基因DNA片段。

取出质体。

用限制酶将质体切开。

大肠杆菌

用连接酶将质体与人类基因黏合。

重组后的质体送入大肠杆菌中。

大肠杆菌大约20分钟分裂一次。

分裂生殖产生的大肠杆菌都具有人类生长激素基因，能快速合成人类生长激素。

转基因棉花具有来自细菌的抗虫基因，可以自行产生毒素杀死危害棉花的害虫，因此可减少农药的使用。（图片提供/达志影像）

基因重组的用途

基因重组最早的功能是用来生产有用的蛋白质，常见的有生长激素、胰岛素等。有些糖尿病是因为患者的身体无法制造胰岛素，所以必须定期注射胰岛素。早期胰岛素必须从动物的胰脏中提取，不但无法大量生产、价格昂贵，而且品质也很不稳定。基因重组技术发明后，科学家就可以利用大肠杆菌来大量生产胰岛素。

早期受限于基因转殖的困难，多半只能制造序列较简单的蛋白质。由于PCR技术的发展，现在已经可以制造复杂且具多功能的蛋白质药物。此外，基因重组也可以用在农业上，使农作物得到抗病、抗冻、抗除草剂等基因，以达到增加产量的目的。

在细菌体内，染色体能合成细菌生长所需的蛋白质，而经过基因重组的质体则能合成人类需要的蛋白质药物。（图片提供/达志影像）

聚合酶链式反应（PCR）

生物体在复制DNA时，必须先将双螺旋DNA解开分成两条单链DNA，再以特定序列的核糖核酸作为引子，这个引子会和相对应的DNA配对，然后DNA聚合酶再将A、T、C、G的核酸依照互补序列一个一个接上去，最后就复制出一条互补的DNA分子。PCR就是利用DNA复制的方法，不断重复进行相同过程，以得到大量的特定基因片段。

1984年，美国科学家穆利斯发明聚合酶链式反应技术。这项技术可以减少定序时所需的DNA样本，也加速基因转殖的速度。由于PCR的发明，生物科技的研究获得很大的进展，他也因此获得1993年诺贝尔化学奖。

以90—95℃的高温将DNA解开，再降低温度让DNA进行复制，重复这个过程，就能复制出大量相同的DNA片段。（图片提供/达志影像）

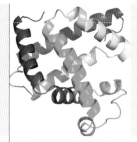

蛋白质

（由153个氨基酸组成的肌红蛋白，图片提供／维基百科）

基因记载了生物的遗传信息，而将这些信息转化为细胞功能的就是蛋白质。虽然基因决定蛋白质的表现，但是蛋白质又能够反过来调节基因的功能。mRNA经转译产生氨基酸长链。（图片提供／达志影像）

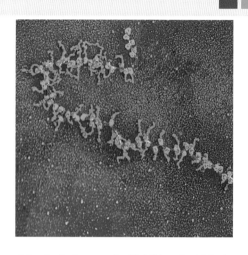

细胞运作的真正主角

蛋白质是由一连串氨基酸所组成的大分子。DNA的核苷酸序列经转录形成RNA，再转译成氨基酸长链，经修饰折叠，最后成为立体的蛋白质结构。蛋白质不仅是构成细胞的重要成分，还能控制细胞的生长、代谢，并能够进行信号传递和调控基因复制，影响整个个体的机能。

在同一个个体中，每个细胞都拥有相同的基因组合，但总体所产生的蛋白质却不一定相同。在每个细胞内，蛋白质的种类和含量不同，并通过彼此的交互作用形成蛋白质联系网络，决定细胞

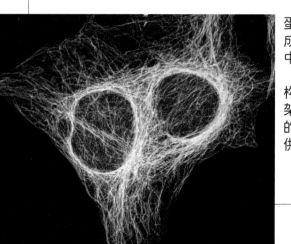

蛋白质是细胞重要的成分，图中细胞质中布满了蛋白质丝（绿色与黄色），构成支撑细胞的骨架，用来维持细胞的形状。（图片提供／达志影像）

的命运，当细胞内蛋白质表达失去平衡，就可能造成细胞病变。

蛋白质体的研究

科学家解构人体基因图谱之后，接下来的研究重点就是了解各个基因序列的功能，以及其所表达的蛋白质。因此蛋白质表达与控制成为新兴的研究方向，其中最热门的就是"蛋白质体"研究。蛋白质体是指细胞内整体蛋白质的种类及含量，不同类型的细胞依功能及生长条件不同，具有不同的蛋白质体，因此蛋白质体研究

人体内有各种不同形状和大小的蛋白质，调控细胞的各种机能。图中由左到右为抗体（IgG）、血红素、胰岛素、腺苷酸激酶和谷氨酰胺合成酶。（图片提供/维基百科）

比基因组研究更复杂。

　　基因的功能是制造特定蛋白质，人体内蛋白质可能多达20万种，但人类基因组计划所发现的基因仅有3万个左右。由此可知，基因的数目不等于蛋白质数目。蛋白质种类远多于基因种类的原因有很多，例如一个基因可能会经过不同修饰而得到几种功能不同的蛋白质，一个蛋白质也可能是由很多基因产生的蛋白质重新组合而成。此外，可能还有许多未知的因素，都使得蛋白质的种类远多于基因的数目。

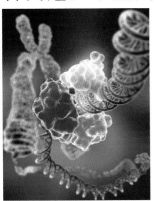

左图：DNA连接酶除了能将两个DNA片段连接起来，还可以修复双链DNA，是调控细胞运作的重要蛋白质。（图片提供/维基百科）

下图：由于肿瘤细胞会合成特别的蛋白质，利用断层扫描脑中蛋白质分布，就可以找出肿瘤位置，如图中红色与黑色的区域。（图片提供/达志影像）

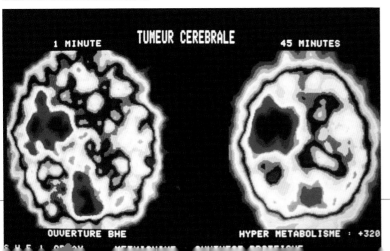

TUMEUR CEREBRALE
1 MINUTE　45 MINUTES
OUVERTURE BHE　HYPER METABOLISME : +320

蛋白质的四级构造

　　DNA和蛋白质都是长链组成的大分子，不过DNA是规则而简单的双螺旋结构，而蛋白质则要经固定的折叠方式才能发挥功能。蛋白质的构造分为四级：第一级指的就是氨基酸序列，氨基酸头尾相连成长链状，而两个氨基酸之间会形成一个平面；在长链中相邻的氨基酸会发生交互作用，由于键结的关系，可以自动卷曲成螺旋状（α螺旋）或彩带状（β链）两种特定的构造，称为二级构造；二级构造再卷曲成三级构造，形成立体的蛋白质，这时蛋白质才具有活性和功能；有时，几个蛋白质可以结合在一起，成为四级构造，产生更复杂的构造，具有调节自身活性的功能。

蛋白质的构造是蛋白质所有特性的根本。研究蛋白质时，除了氨基酸序列，还要了解蛋白质的四级构造，才能真正得知蛋白质的功能。（插画/陈志伟）

一级构造
二级构造
三级构造
四级构造

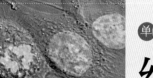

细胞培养

（培养中的细胞正在进行分裂，图片提供/维基百科）

细胞是组成生物个体的最小单位，也是现代生物科技研究的重要工具。经由观察细胞的变化，才能了解基因的功能和表达。

基因与蛋白质表达

为维持个体的机能，动物体内具有各式各样的细胞——肌肉细胞、神经细胞、骨骼细胞、血细胞、生殖细胞等等，每种细胞都有负责的工作，彼此交互作用形成密不可分的网络。同样都是肌肉细胞，也会因为功能、外观、所在组织不同而有所不同，如消化道的平滑肌细胞和负责运动的骨骼肌细胞就不一样。

细胞根据不同的基因表达和蛋白质作用，再加上生长条件的不同，而产生各种不同的细胞功能。要了解蛋白质与基因的功能，选择正确的观察目标是非常

由于病毒只能在活的细胞中生长，因此研究病毒时也需要培养细菌或动植物细胞。（图片提供/达志影像）

重要的，例如研究脑瘤的发生就要选用脑瘤细胞。通过不同细胞的研究，就能进一步了解生物体的运作。在生物体外进行单一种类细胞的培养，不仅可以了解细胞运作，还能取得有用的代谢产物，甚至能培养新的个体。

人类子宫颈上皮细胞株是最早建立的细胞株之一，它取自1951年去世的一位子宫颈癌病人。（图片提供/维基百科）

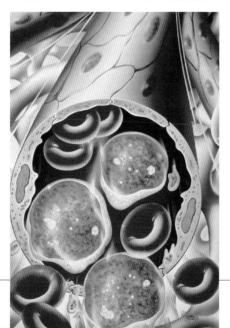

生物体是由细胞组成，各种不同的细胞负责执行不同的工作。如图中毛细血管由扁平的内皮细胞构成，内部有红细胞执行气体的运送。（图片提供/达志影像）

细胞的获取和培养

植物细胞的培养发展较早，技术也很完整，现在科学家已经可以分离并取得单一植物细胞，再经分化、发育形成新的植株。动物细胞的培养较为困难，一般分为原代细胞培养和传代细胞培养两种。前者主要是直接从动物的组织中取出，经酶解离为单细胞或细胞团，这类细胞经过一段时间的培养便会衰退死亡，无法再利用。传代培养则没有生长期限，细胞株建立之后，只要给予适当的条件，就可以不断培养或冷冻保存。细胞的培养方式可分为贴壁培养和悬浮培养两种方式，血细胞多以液体培养基悬浮培养，肌肉细胞则是在培养皿中贴壁培养。

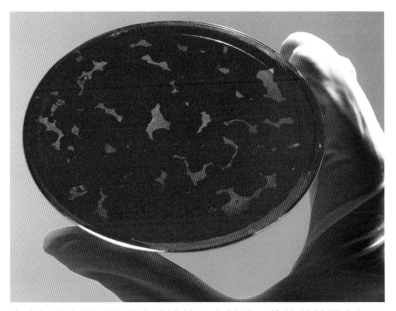

上皮细胞主要以贴壁方式培养，在培养皿的胶状基质中加入培养液，提供细胞分裂生长所需的养分。（图片提供/达志影像）

冷冻人复活可行吗

细胞可以利用冷冻方式保存在-130℃的低温下，当有需要时可以解冻再培养使用。生物体是由细胞组成，那么是否可以通过冷冻方式保存，然后再解冻复活呢？就较复杂的生物来说，以目前的科技是不可行的。因为细胞是一个较小的单元，而一次冷冻可以保存超过百万个细胞，解冻后虽然有部分细胞死亡，也还有许多存活的细胞可以继续繁殖复制；但是生物体除了细胞外，还要通过组织之间交互合作才能运作，冷冻后这样的联系可能受到破坏，所以再解冻后就无法复活了。

细胞冷冻时要逐步降温，最后在-130℃的低温下长期保存，需要时再解冻使用。（图片提供/达志影像）

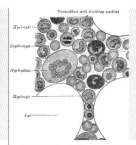

干细胞

（骨髓中有许多种干细胞，图片提供/维基百科）

干细胞是一种未成熟的细胞，尚未完全分化，具有自我复制能力及多向性分化潜能，可以再生各种组织细胞，因此被称为"万能细胞"。

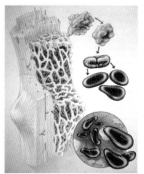

在红细胞生成素的刺激下，红细胞干细胞能够分化为红细胞，是一种专能干细胞。（图片提供/达志影像）

干细胞的种类

干细胞依来源可以分为成体干细胞和胚胎干细胞两种。成体干细胞是从人体组织如骨髓、血液和脐带血中提取，依获取组织不同可命名为骨髓干细胞、周围血干细胞或脐带血干细胞，具有分化成多种或特定细胞的能力；而胚胎干细胞则取自早期胚胎，与将来会发育成婴儿的胚胎细胞相似，具有可分化成各种组织与各种细胞形态的超强能力，甚至可以形成一个完整的新个体。

干细胞依功能则可分为3类：功能最齐全的是能分化成各种细胞和组织的全能干细胞，如胚胎干细胞；多能干细胞则可分

骨髓是人体的造血器官，因为髂骨没有中枢神经，是安全的抽取地带，移植时多由此抽取骨髓干细胞。（插画/吴仪宽）

骨髓中含有大量的造血干细胞，可分化成血液及组织中的多种细胞。

血小板

巨核细胞

B细胞

红细胞

单核细胞

T细胞

淋巴原始细胞

NK细胞

造血干细胞

骨髓原始细胞

嗜酸性粒细胞

嗜中性粒细胞

化为数种细胞，如造血干细胞能分化为红细胞、白细胞、淋巴细胞等；至于专能干细胞则只能分化成某一种专门的细胞，如肌肉中的成肌干细胞。

干细胞在医学上的应用

干细胞已被广泛应用在医学治疗中，其中人类成体干细胞更在临床治疗中占有一席之地，最常见的是以骨髓移植治疗血液、免疫系统疾病。此外，干细胞也用来修复或替代坏死的组织，例如采用神经干细胞修复脊椎损伤，采用心肌干细胞治疗心脏病。除了移植干细胞进行治疗外，科学家已经能够直接修正干细胞的基因缺陷，制造具有正常基因的新细胞，替代原本有缺陷的细胞。

在器官移植方面，科学家也正在研究利用患者自身的细胞配合干细胞技术培养所需的器官，避免异体移植的排斥现象。至于胚胎干细胞，其来源较受争议，目前仍局限在科学研究上，各国政府大多有法律规定，禁止胚胎干细胞用于治疗。

位于加拿大多伦多的再生医学中心是研究干细胞的专门机构，许多科学家在这里研究干细胞的功能，以应用于临床治疗。

人体内的所有细胞都是由胚胎长成的，因此胚胎干细胞理论上可以分化成身体的各种组织。（图片提供/达志影像）

肿瘤干细胞

肿瘤细胞拥有许多干细胞的特性，例如都是不成熟细胞、具有自我更新与分裂复制的能力，同时都是由一小群细胞衍生而来。因此科学家提出了肿瘤干细胞的概念，而经由实验得知，将胚胎干细胞打入动物体内，确实会形成畸胎瘤。癌症患者在治疗结束后，有时会有复发的现象，科学家认为这是因为在化疗的过程中，未能有效地标定及消灭肿瘤干细胞，而使肿瘤干细胞继续衍生。所以在目前新的抗癌疗法中，有针对肿瘤干细胞的治疗，专一性杀死肿瘤干细胞。

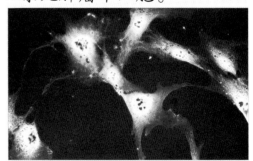

肿瘤干细胞有分化增殖的能力，若没有完全消灭，很容易造成肿瘤复发。（图片提供/达志影像）

克隆

（陈列在博物馆的克隆羊多利的标本，图片提供/GFDL，摄影/L1u11）

细胞复制是生物的基本能力，但个体自行复制只限于低等生物和植物，直到克隆羊多利的出现，动物克隆技术才进入了另一个阶段。20世纪60年代科学家便开始研究两栖类克隆技术，早期成功率低，大多只能成长到蝌蚪期。（图片提供/达志影像）

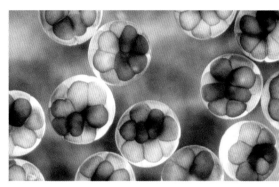

 ## 克隆羊的出现

所谓克隆就是"制造"一个与上一代具有相同基因组合的下一代，由于没有经过精卵结合的过程，属于无性生殖。许多低等生物可以经由简单的分裂进行复制，植物的根、茎、叶也可以进行无性繁殖，至于较复杂的动物则无法自行复制。

动物克隆技术最早运用于两栖类，20世纪70年代的克隆蛙已可度过蝌蚪期，长为成蛙；至于第一只克隆哺乳动物，则是1996年7月5日英国科学家实验成功的克隆羊"多利"。多利的染色体来自一只6岁的母绵羊。科学家取出绵羊乳腺细胞的细胞核，再将它放入另一个去核的卵母细胞中，使细胞和细胞核融合，这个过程称为

供核者　　以微量吸管刺入卵细胞

供卵者

去除细胞核

多利羊诞生

送入代理母羊子宫

取得乳腺细胞

放入培养基中

成为无核卵细胞

取出细胞核

利用高压电击融合

细胞融合

刺激活化

在体外培养成早期胚胎

合成的细胞开始分裂

刺激乳腺细胞，使它生长、分裂

克隆羊多利的出现是生物科技的重大突破，克隆过程结合了许多细胞培养和激化的技术。（插画/张睿洋）

利用分割胚胎方式产生的克隆恒河猴。胚胎分割没有经过核转移的过程，和同卵双胞胎的产生相似。（图片提供/达志影像）

苏格兰科学家威尔姆特和他"创造"的克隆羊。多利是第一个由成年体细胞克隆而成的哺乳动物。（图片提供/达志影像）

"核转移"。转移后的卵母细胞先在体外进行早期胚胎培养，接着植入代理孕母的子宫，几个月后就能生下与原来绵羊的基因组完全相同的克隆羊。

克隆技术的应用

克隆羊出现之后，不久克隆猪、牛、狗相继出现，甚至第一只克隆猴也被制造出来。科学家希望克隆技术可用来促进农业、医学、制药等发展。例如在畜牧业上，配种后筛选的品种不见得能够保有原来的特征，但是通过核转移克隆技术，就能完整保留原来的品种；在不孕症方面，有些夫妻必须借助第三者的卵子或精子，才能达到生育的目的，通过核转移方式，便可以让别人的卵子携带自己的遗传物质，因此下一代就能完全拥有来自父母双方的基因。不过克隆技术在伦理道德中的争议很大，因此如何能让科技与道德达到平衡，是一项重要议题。

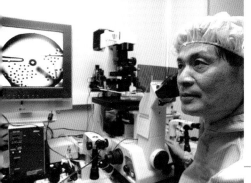

科学家在显微镜下操作，以微量吸管将细胞核送入另一个无核的卵细胞中。（图片提供/达志影像）

克隆动物会早衰吗

2002年2月14日，多利羊因严重的肺病而夭折，只活了6年，是正常绵羊寿命的一半，这使科学家们不得不正视克隆动物的健康与寿命问题。和正常动物相比，包括多利在内的许多克隆动物都有较短的染色体端粒。科学家认为染色体端粒是细胞寿命的标志，细胞在不断分裂的过程中，染色体端粒也跟着不断减短，短到一定程度后，细胞就会坏死或癌化。除了克隆动物有各种缺陷外，克隆技术本身的难度也很大，常常要牺牲很多胚胎才有成功的机会。

端粒位于染色体的两端，具有重复序列，主要的作用是保护染色体，会随细胞分裂次数的增加而缩短。（图片提供/维基百科）

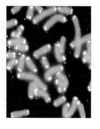

分子诊断

（两个基因芯片，图片提供/维基百科）

生物科技在医学上的应用越来越广泛，已经可用于疾病的诊断和治疗，其中分子生物学与实验诊断学结合，产生了一个新的学科——分子诊断学。

分子医学的发展

分子诊断技术的目的，是为了提早发现疾病及可能致病的因子，以免错失治疗的时机，其中应用最多的是关于遗传疾病或癌症的早期筛检。20世纪70年代末，科学家首次利用DNA杂交技术，完成镰刀形红细胞贫血病的基因诊断，让疾病的检验进入基因诊断时代。镰刀形红细胞贫血病等遗传疾病是基因突变造成的，只要找出致病基因与正常基因的差异，就能做出DNA探针，再利用DNA分子杂交技术，诊断出受检测者是否带有遗

找出致病的基因，再利用DNA杂交的方式，便能快速检测病人是否带有遗传疾病。（图片提供/达志影像）

传疾病的基因。

近年来，以PCR技术为基础的DNA分子诊断也应用在临床医学中。由于每种病原体都具有自己独特的遗传密码，利用PCR放大特定序列，就能鉴别出病人体内微生物的种类，最常用的是检测感染性疾病，如流行性感冒、乙型肝炎等的病原体。

分子诊断学除了可应用于医学诊断，还常用于亲子鉴定与刑事鉴定，以及检验农作物是否带有外来基因，也就是转基因食品的筛检。

科学家利用DNA诊断病人是否罹患神经母细胞瘤。2号染色体中的N-myc基因扩增突变在神经母细胞瘤中较常见。（图片提供/达志影像）

指甲大的实验室——生物芯片

生物芯片是将生物有关的大分子（如核苷酸片段、蛋白质，甚至细胞等）精确地点在玻璃片或尼龙膜上。测试时，只要用少量的样品与芯片上所点的大分子进行反应，就可以判读样品所含的基因或蛋白质。生物芯片技术有许多优点，如可信度高、精确性高、分析速度快、使用的样品及试剂少，并可获得整体性的实验数据，因此从20世纪80年代后期发展至今，被认为将是21世纪最受重视的生物科技之一。

目前发展出来的生物芯片包含基因芯片、蛋白质芯片及实验室芯片。其中，以基因芯片最成熟，除了可以用来作为基因表达的分析，更可以从事单核苷酸多态性（SNP）的鉴定，对遗传疾病的诊断非常有帮助。

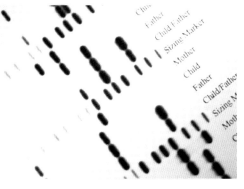

人体的DNA一半来自父亲、一半来自母亲，因此可以利用DNA重复片段的序列进行亲子鉴定。（图片提供/达志影像）

发烧芯片

发烧是人体免疫功能的一部分，通常是因为细菌或病毒感染。但是病原的种类很多，以传统的细菌培养方式检测，费时又费力，甚至可能延误病情。因此科学家就制造了发烧芯片，将25种可能导致发烧的病原基因点在芯片上，再利用DNA杂交原理，只要使用少量的病人检体，就可以同时进行多种细菌的筛检。这种"芯片上的检验室"省时又省钱，因此科学家还在开发更多疾病检测芯片。

左图：利用生物芯片可以准确而快速地找到血液中的病原菌，在玻璃片上的每个点都是特定的DNA片段。（图片提供/达志影像）

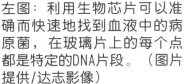
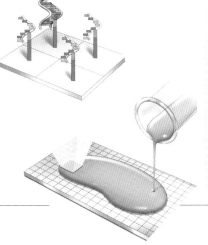

右图：在芯片上粘上各种DNA探针，再根据DNA杂交原理，一次就能得到大量的基因信息。（插画/吴仪宽）

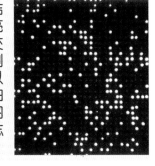

芯片检测的结果，黄色的亮点表示有杂交反应，从检测的结果就可以得知感染的细菌种类。（图片提供/达志影像）

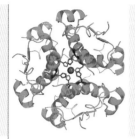

生物制药与基因治疗

（胰岛素，图片提供/GFDL，绘制/Isaac Yonemoto）

许多疾病无法利用传统手术和化学药物治疗，生物制药和基因治疗是这些疾病的新希望。

生物药物的发展

自古人类就会以生物作为医疗用的药物，例如许多中药都是取材自动植物。发展至今，由于生物科技的发达，科学家能找到具有疗效的成分，再由其他生长快速的生物体制造、生产药物。

广义的生物制药泛指利用生物体所制造的药品，包含血液中的血小板、直接纯化的蛋白质（早期从猪胰脏纯化取得的胰岛素）、基因重组蛋白（现在以微生物生产的胰岛素），甚至涵盖了基因治疗及干细胞治疗。

狭义的生物制药主要是指蛋白质药物。1982

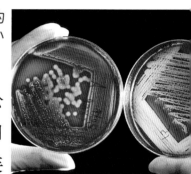

细菌原本是造成人类疾病感染的来源，现在却成为生物药物的小型工厂，生产多种蛋白质药物。（图片提供/维基百科）

年，美国基因科技公司开发出第一种蛋白质药物 —— 重组人类胰岛素，目前全世界上市的生物制药已有几十种，包含各种重组蛋白质和单株抗体等。基因重组技术的发展，让重组蛋白质能根据治疗情况作改变，其变化与应用性远大于化学药物，是现今新药开发的趋势。

利用基因重组技术将病毒的基因送入酵母菌中，再培养酵母菌生产抗原，最后纯化为乙肝疫苗，这种方法生产的疫苗没有致病的危险。（图片提供/达志影像）

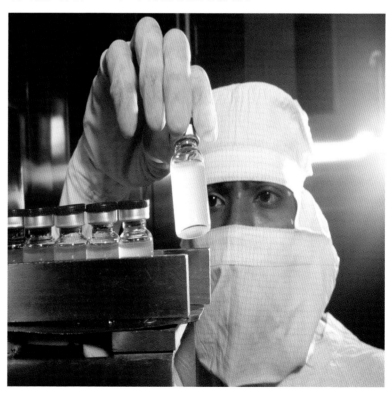

基因治疗

许多疾病发生的原因可能是因为蛋白质缺乏、蛋白质有缺陷，或是蛋白质过多，现在的治疗方式多半是注射蛋白质药物，来补充或取代蛋白质的缺陷，但这类疾病往往需要长期注射，非常不方便。若能利用基因治疗，也就是将特定DNA序列送入人体细胞内，这个特定DNA片段在细胞核内稳定存在并正常表达，让细胞自行制造有用的蛋白质，那么就能免除使用药物的不便。

此外，有些癌症的发生是由于蛋白质的不正常表达，所以利用"核糖核酸（RNA）干扰理论"，抑制不正常的蛋白质表达，也可以达到治疗目的。不过基因治疗至今仍有不少问题有待解决，例如利用病毒作为载体将DNA序列插入病人基因，虽然具有疗效，但也可能引发其他癌症，因此现在多半只有癌症晚期的病人接受试验。

左图："泡泡男孩"由于基因突变造成先天免疫系统缺陷，必须生活在无菌环境，现在只能靠基因治疗才有痊愈的机会。（图片提供/达志影像）

沉默杀手：RNA干扰

2006年的诺贝尔生理暨医学奖得奖论文题目是《双链RNA诱发的基因静默作用——RNA干扰机制》。癌症的发生有时是因为出现不正常蛋白质，或者蛋白质产生过多，一般无法根治。由于制造蛋白质时是将DNA转录为RNA，再转译为蛋白质，利用RNA干扰技术，将短双链RNA（dsRNA）片段送入细胞，可以抑制制造特定蛋白质的RNA，因而减少蛋白质合成，使基因静默，达到专一性治疗的目的。

注入双链RNA后，会干扰细胞内同序列的mRNA的表达，抑制蛋白质合成。（图片提供/达志影像）

特殊包膜

病毒

基因片段

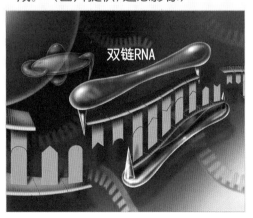

双链RNA

左图：未来基因治疗的方式，主要是利用重组病毒为载体，将健康的基因送入人体内，以取代有缺陷的基因。（图片提供/达志影像）

农业应用

（转基因作物，图片提供/维基百科，摄影/Dave Hoisington）

应用于农渔牧业的生物科技发展迅速，对人类生活也有重大的影响。

 ## 粮食增产与品种改良

生物科技应用于植物可分为两大类，即植物组织培养与转基因技术。由于植物可以进行无性繁殖，任何部位都可能发育成完整个体，因此组织培养可以应用于蝴蝶兰等种苗生产，还能作为筛选抗病品种的材料。此外，也可用来生产紫杉醇等药物与工业原料。

1984年，科学家成功地将抗虫基因转殖到烟草，这是第一种转基因作物。植物的转基因技术发展非常迅速，主要功能为改进作物的营养成分，如瑞士开发含胡萝卜素的黄金米，可提供维生

转殖了Bt杆菌抗虫基因的植物（右），不像一般植物（左）叶片容易受到虫害。（图片提供/Herb Pilcher）

素A的来源；此外还能送入抗除草剂、抗病、抗虫害、抗冻、耐热等基因，以减少农药使用和节省人力。利用转基因技术也可以改变花卉的颜色，如生产蓝色和香槟色的花卉，这些都是传统技术无法达成的。

现在市面上出现大量转基因食品，为了保护消费者的权益，欧盟国家要求标示转基因食品。（图片提供/达志影像）

畜牧业的发展

　　生物科技应用于动物，主要是品种改良，或是利用转基因以制造人类所需的用品。早期肉品的改良必须经过育种、筛选，才能获得品质良好的品种，但品种的保存不易。现在已经可以利用分子诊断来筛选优良品种，再配合克隆技术保存。此外，利用基因工程制造新品种，也能快速得到肉质更细致、产乳量更大的品种。

　　在养蚕业上，以往若要有不同颜色的丝绸，必须将白色的蚕丝以颜料染色；如今利用生物科技，可以让蚕直接吐出有颜色的丝，织成彩色的丝布，不仅节省制作时间，也能避免消费者对染料过敏。

克隆动物肉品可以上市么

　　2008年1月，美国食品药品监督管理局（FDA）公布一项评估报告，指出克隆的牛、猪、山羊的肉乳产品，以及克隆动物的后代，在食用上和传统肉乳产品一样安全。这项报告的结果，让克隆动物的肉乳产品在美国合法上市。不过由于现在克隆动物的成本高，一头克隆牛花费约2万美金，因此预计还要3—5年才可能进入市场。其实，早在2005年，日本就已经核准克隆肉品的销售，然而除了食品安全之外，克隆动物的伦理问题，也让消费者难以接受克隆肉品。

2000年科学家创造出第一群克隆小猪。克隆动物是保存优良品种的方法，将来也可能用于器官移植。（图片提供/达志影像）

拥有相同染色体的克隆牛与供核者。由于克隆成本高，克隆动物肉品暂时还不可能上市。（图片提供/达志影像）

经过基因工程改造后的家蚕，可以吐出各色的蚕丝，最早研究出的是黄色蚕丝，科学家还在努力进行研究，找出产生其他颜色的基因。（摄影/巫红霏）

工业应用

（香皂中许多植物萃取物都是生物科技的产品，图片提供/Phanton）

利用生物科技生产的各种产品，可以运用在食品和美容上。此外，生物科技也成为解决环境问题的新方法。

胶原蛋白是人体结缔组织中非常重要的蛋白质，能够帮助人体组织的修复及再生，因此可用于增加皮肤弹性。（图片提供/达志影像）

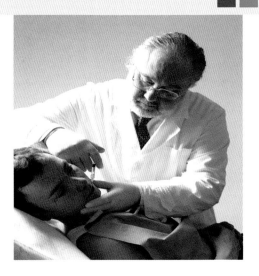

美容与保健

青春和美貌一直是人类追求的目标，随着生物科技的进步，生物科技产品也应用在美容保养上，其中大多是与蛋白质相关的产品，常见的有胶原蛋白、玻尿酸、肉毒杆菌毒素等。此外，还有一些利用生长因子来修补细胞和组织，如表皮生长因子或纤维母细胞生长因子等。至于食品工业上的应用，则有纳豆菌培养、优酪乳发酵等，这些利用生物科技制造出来的食品，有些还可添加于各种保养品中。

面膜和许多化妆品强调含玻尿酸、胶原蛋白或胎盘素等成分，这些都是生物科技的产品。（图片提供/达志影像）

环境保护

随着工业发展和人口增加，伴随而来的是日益严重的环境问题，其中以空气污染、水污染和垃圾问题最严重。科学家运用生物科技，开发了许多用来判断、预防和处理污染的产品。在检测上，分子诊断可以分辨出环境中有哪些细菌群落，再依据细菌种类和数量来判断环境污染程度与修复方式；在水质污染上，利用微生物就能将有机污染物转化为水和二氧化碳，废水处理厂就像是一个大型的生物

污水通过一个充满特殊细菌的生物膜时，其中的微生物能够分解、去除一部分有机质，这种处理法特别适用于养殖的废水。（图片提供/达志影像）

以玉米或棉花等生物做成的生物塑料，可以在自然界中分解，燃烧后也不会产生有毒废弃物，是取代塑料的绿色科技。（图片提供/达志影像）

科技工厂。

此外，科学家还可以筛选特定的菌种，用来分解水中及土壤中的各种污染源。1970年，印度人恰卡巴在实验室中培养出基因重组细菌，可同时分解石油中的各种成分，加速清除海域的油污，不过这种改造细菌至今还未核准使用。除了去除污染源，生物科技也可用于生产环保材料，如从微生物中提炼生物薄膜，用来取代塑料包装食品，这样不仅能保障食物安全，生物薄膜在自然界中也可快速分解。

肉毒杆菌毒素

肉毒杆菌毒素是由肉毒杆菌分泌的神经毒素蛋白，也是世界上最毒的蛋白质之一，高剂量时可以造成食物中毒。目前为止，共有7种肉毒杆菌毒素的亚型被分离出来，分别为A、B、C、D、E、F及G型，它们都是作用在神经末梢，可中断神经递质的传递，让肌肉无法收缩，从而达到放松肌肉的效果。目前医学美容中使用以A、B两种亚型为主，其中又以A型肉毒杆菌毒素最常使用。肉毒杆菌毒素最早应用于治疗斜视、多汗症和斜颈症，后来发现它能用来消除鱼尾纹，才受到美容医学的重视。

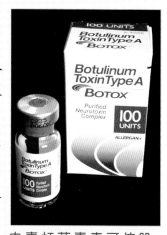

肉毒杆菌毒素可使肌肉麻痹，暂时停止收缩。当脸上的肌肉放松后，皮肤的皱纹就会消失，不过效果只有4—6个月。（图片提供/达志影像）

新世纪的明星产业

（美国的生物科技公司，图片提供/GFDL，摄影/Coolcaesar）

生物科技可能解决人类面临的健康、食物短缺和环境等问题，因此被认为是未来最具潜力的产业。

未来的研究方向

1953年，华生与克里克解开DNA双螺旋结构，奠定了生物科技发展的基础。2003年人类基因组解码后，生物科技进入"后基因时代"，带动一波生物科技产业的狂潮。科学家推测，未来人类的衣食住行都将受到生物科技的影响，甚至可能

人类基因组计划始于1990年，由美国国家卫生研究院成立的人类基因组研究中心统筹。（图片提供/维基百科）

会改变人类生老病死的过程。

生物科技除了用来检测、治疗疾病，科学家还致力用它来研究细胞老化的原因，并希望经由基因治疗和细胞再生等方式延长寿命，预计人类在21世纪末平均寿命可达120—130岁。由于全球人口快速增长，经济研究人员预测人类将在2030年面临严重的粮食危机，而生物科技则有机会大幅提升农业产量，解除这个危机。例如利用转基因增加作物的产量，以细胞培养加速育种的速度；当克隆技术成熟后，也许有一天生产克隆食品比传统培养更便宜、更快速。

美洲地区是转基因作物的主要生产地，其中美国的种植面积最大，以玉米和大豆为主要作物，占所有转基因作物的8成以上。（图片提供/达志影像）

2001年，美国华盛顿的基因中心将人类基因组计划的成果发布在网站上，供全世界的科学家调阅，大大促进了生物科技的发展。（图片提供/达志影像）

生物科技产业的无限商机

生物科技除了具有重要的科学研究价值，相关产业也被认为是21世纪最具发展潜力的产业之一。生物科技与传统的生物学不同，研究成果常可带来庞大的商业利益，因此愈来愈多的生物科技研究成果申请专利，在20世纪90年代，每年约有3000件关于生物科技的专利申请，到了2001年，光是美国专利局就接到3万多件专利申请。

2007年，全球生物科技产业市场约有1,300亿美元，其中有一半为医疗相关产业，如生物科技制药以及医疗试剂。目前生物科技药物占世界药物市场的10%，预估2050年将提高到25%。在农业上，转基因作物是重要的生物科技产品，主要的作物有大豆、玉米、棉花及油菜等，2010年其产值已经达到60亿美元。

生物科技是21世纪的明星产业，现在规模较大的生物科技公司多以研发和生产蛋白质药物为主。（图片提供/达志影像）

再生医学

人类的器官坏死后，移植是最好的治疗方式，然而器官获取不易，且移植时容易引起排异现象。因此科学家一直在研究器官的复制，希望将来可以用自己的细胞制造出组织或器官，供自己移植使用，也就是"再生医学"。"再生"这两个字指的是让已经失去作用的器官或组织重新生长出来，主要有两种方法，一种是利用干细胞分化能力，修补体内失去的细胞；另一种是利用细胞培养技术，取病人的细胞在体外培养出器官，最后再移植到人体，但目前尚未研发成功。

现在，医院可以取患者少量的皮肤细胞，再利用细胞培养技术，生长出一整片完整的皮肤组织，用来覆盖患者的伤口。（图片提供/达志影像）

生物伦理

（转基因玉米的花粉可能杀死其他昆虫，破坏自然生态，图片提供/维基百科，摄影/Spedona）

生物技术日渐成熟，但也引起许多问题和争议，尤其是基因工程和克隆技术，在伦理道德上引起广泛的讨论。

 ## 基因产业

人类的基因组计划除了帮助科学家更了解基因外，也促进了相关产业的发展，例如遗传分子诊断、致病基因序列检测等，都是基因组计划衍生的新兴产业。但这些产业也引发了一些问题，包括亲子鉴定、求学就业、优生学、DNA信息保护、疾病强制筛检、基因专利和生物科技商品化等问题，都成为社会争论的议题。

尤其是各种致病基因的筛检，可能会引发"基因歧视"，例如，当一个人带有致病基因，保险公司可能要求更高的保费，甚至拒绝受保；公司会根据基

拥有致病基因的人不一定会引发疾病，但若基因信息外流，却可能受到保险公司、雇主等的歧视。（图片提供/达志影像）

因资料筛选的结果，决定员工的雇用等。因此，将来如何避免个人基因资料外流，并使生物科技产业与伦理和社会制度间达成平衡，是各国未来立法的目标。

检查胎儿的染色体可以发现唐氏综合征等遗传疾病，但是这类疾病即使发现也无法治疗。（图片提供/达志影像）

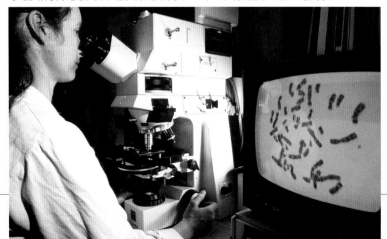

一对美国的父母为了救女儿，生下经筛选的小婴儿，小婴儿的脐带血最后成功地移植到姐姐身上。（图片提供/达志影像）

真的是美丽新世界么

克隆羊的出现，让生物技术走向另一个新的高峰，再加上基因工程技术的进步，定做或筛选出优秀后代似乎不再遥不可及，这点不只用于动植物的育种，或许有一天也会用于人类。

人类及各种动植物都经历了长时间的进化，才有目前多彩多姿的生态与种类，但生物科技的发展，却让生物进化的速度加快。人类在实验室中改造或创造各种新的生物，一旦引进现有生态系统，可能严重影响自然界，造成生态失衡。

2005年联合国明文禁止进行人类克隆。如果将来真的出现克隆人，将会产生严重的人权界定问题。此外，利用生物科技治病似乎是件好事，但如果有一天父母直接改造胎儿的基因，去除所有致病基因，"创造"出"完美"的下一代，那时人类生命的意义将彻底改变。

随着科技的进步，克隆人技术似乎不再遥不可及，但克隆人的伦理问题依然难以解答。（图片提供/达志影像）

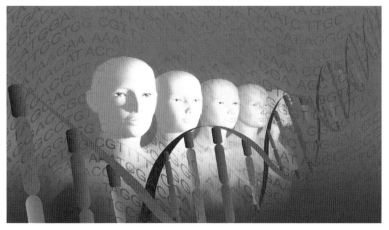

基因治疗与预防

基因治疗的对象可分为体细胞和生殖细胞。前者是在人体注入基因，被认为和器官移植相似，只要治疗过程安全，在伦理上没有太多疑问；但后者则是直接改造生殖细胞的基因，具有很大的争议。支持生殖细胞基因治疗的人认为，这是一劳永逸的治疗方式，而且有些疾病也只能靠这个方式治疗。反对者的理由则有很多，首先，人类胚胎的实验和研究本来就很有争议，进行人体试验更是不可想象；其次，基因本身并没有所谓的正常与否，人类必须维持基因多样性；最后，殖入基因可能破坏基因间的相互作用，其影响可能难以预期。

支持基因治疗的人认为，将正常的基因导入胚胎是解决遗传疾病最简单的方法。（图片提供/达志影像）

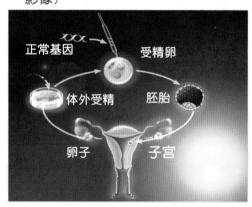

英语关键词

生物科技　biotechnology

生物化学　biochemistry

分子生物学　molecular biology

细胞生物学　cell biology

微生物学　microbiology

酿造　brewing

发酵　fermentation

基因工程　genetic engineering

细胞培养　cell culture

克隆　cloning

核转移　nuclear transfer

核酸　nucleic acid

蛋白质　protein

糖类　carbohydrate

氨基酸　amino acid

酶　enzyme

激素　hormone

病毒　virus

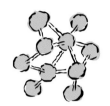

细菌　bacteria

大肠杆菌　Escherichia coli

质体　plasmid

载体　vector

DNA定序　DNA sequencing

碱基对　base pair

人类基因组计划　Human Genome Project

双脱氧链终止法　Sanger method/ chain-termination method

凝胶电泳　gel electrophoresis

聚合酶链式反应　polymerase chain reaction (PCR)

限制酶　restriction enzyme

连接酶　ligase

蛋白质药物　protein drug

生长激素　growth hormone

胰岛素　insulin

蛋白质体　proteome

原代细胞　primary cell

细胞株　cell line

悬浮　suspension

贴壁　adherent

干细胞　stem cell

胚胎干细胞　embryonic stem cell

全能干细胞　totipotent stem cell

多能干细胞　multipotent stem cell

专能干细胞　unipotent stem cell

DNA探针　DNA probe

分子诊断　molecular diagnostics

亲子鉴定　parental identification

生物芯片　biochip

生物制剂　biological agent

基因治疗　gene therapy

抗虫作物　Bt crop

胶原蛋白　collagen

肉毒杆菌毒素　Botulinum toxin

生长因子　growth factor

后基因时代　post-genomic era

再生医学　regenerative medicine

生物科技产业　biotechnology industry

转基因作物　genetically modified organism

生物伦理　bioethic

优生学　eugenics

克隆人　human cloning

1 下列关于生物科技的叙述，对的打○、错的打×。

（　）啤酒酿造是属于现代生物科技的范围。
（　）现代生物科技是从1953年DNA分子结构破解后才开始。
（　）生物科技利用细胞内的生命现象来制造产品。
（　）最常用来作为生物载体的是真核生物细胞。

（答案在06—09页）

2 下面关于基因定序和人类基因组计划的叙述哪些是错误的？（多选）

1. 人类23对染色体上共约有32亿个碱基对。
2. 定序仪一次可以解读1万个碱基对。
3. 人类基因组计划于2000年完成草图，2003年整合完成。
4. 人类基因组计划发现人体染色体上共有10万个基因。

（答案在10—11页）

3 生产重组生长激素的5个步骤，请依前后顺序填上1—5的数字。

（　）从大肠杆菌培养液中得到生长激素。
（　）以分子糨糊将带有相同切口的生长激素基因DNA与质体接合。
（　）以分子剪刀切割生长激素基因DNA与质体。
（　）重组DNA在大肠杆菌中复制。
（　）重组后的质体送入大肠杆菌内。

（答案在12—13页）

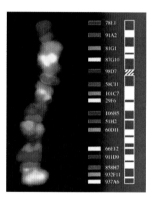

4 连连看，将下列的名词和描述连起来。

基因·　　　　·组成蛋白质的基本单位。
氨基酸·　　　·细胞内总体蛋白质的种类和含量。
蛋白质·　　　·制造蛋白质的一段DNA序列。
蛋白质体·　　·由氨基酸长链组成的大分子。

（答案在14—15页）

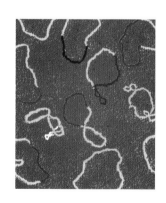

5 关于细胞培养的叙述，下面哪些是对的。（多选）

1. 通过培养细胞可了解生物细胞的运作机制。
2. 植物细胞比动物细胞容易培养。
3. 细胞株是直接由动物组织取得的。
4. 血细胞多以液体培养基悬浮培养。

（答案在16—17页）

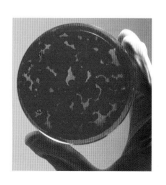

6 干细胞依功能可分为专能、多能、全能3类，下面的干细胞分别属于哪一类？

胚胎干细胞_____ 造血干细胞_____

原始淋巴细胞_____ 红细胞干细胞_____

白细胞干细胞_____

（答案在18—19页）

7 关于克隆动物，对的请打○、错的请打×。

（ ）科学家研究克隆动物最早是由克隆鱼开始。

（ ）多利羊是第一只由核转移技术克隆成功的哺乳动物。

（ ）克隆动物的寿命较短可能是因为染色体端粒比正常动物短。

（ ）克隆动物的基因和代理孕母完全相同。

（答案在20—21页）

8 医疗生物科技的应用广泛，将下面生物科技的方法与应用连起来。

DNA杂交技术·　　　·基因表达分析

　生物芯片·　　　·治疗泡泡男孩

　基因治疗·　　　·生产重组胰岛素

　生物制药·　　　·镰刀形红细胞贫血病检测

（答案在22—25页）

9 关于生物科技在农业和工业的应用，哪些叙述是对的。（多选）

1. 在农作物中转殖Bt杆菌的基因是为了得到抗冻基因。

2. 克隆动物肉品还没有进入市场是因为成本较高。

3. 胶原蛋白可使神经信息传递中断，因此能消除鱼尾纹。

4. 废水处理厂有大量微生物，能分解水中的有机污染物。

（答案在26—29页)

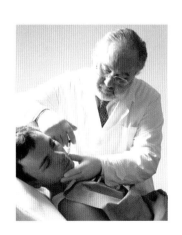

10 生物科技发展性高，却有许多生物伦理的疑虑，下面的生物科技各有哪些好处和坏处。

转基因作物：好处_____ 坏处_____

分子诊断：好处_____ 坏处_____

基因治疗：好处_____ 坏处_____

克隆动物：好处_____ 坏处_____

（答案在30—33页）

我想知道……

这里有30个有意思的问题，请你沿着格子前进，找出答案，你将会有意想不到的惊喜哦！

开始！

酿造啤酒是利用哪一种传统生物科技？ P.06

什么是微生物工厂？ P.06

为什么用来作体？

生物芯片有什么功能？ P.23

什么是生物制药？ P.24

为什么泡泡男孩需要基因治疗？ P.25

太棒赢得金牌

什么是DNA探针？ P.22

转基因玉米对生态有什么影响？ P.32

个人基因资料外泄有什么危险？ P.33

为什么要禁止克隆人？ P.33

为什么克隆羊的寿命较短？ P.21

什么是基因歧视？ P.32

哪方面的产品占生物技术产业最大宗？ P.31

颁发洲金

太厉害了，非洲金牌也是你的！

第一个由成体细胞创造的克隆哺乳动物叫什么？ P.20

骨髓移植时多半抽取哪种骨骼中的骨髓干细胞？ P.18

成人体内的哪些地方有干细胞？ P.18

什么是干

病毒常被
为生物载

P.09

人类的染色体共有
多少碱基对?

P.10

人类基因组研
究计划的目的
是什么?

P.10

不错哦,你已前
进5格。送你一
块亚洲金牌!

基因解码后发现人
类有多少个基因?

P.11

了,
美洲
。

基因治疗有什么
危险?

P.25

胶原蛋白有什
么功能?

P.28

什么是基因重组?

P.12

太好了!
你是不是觉得:
Open a Book!
Open the World!

为什么废水处
理厂被认为是
大型生物科技
工厂?

P.28

为什么转基因棉花
可以杀死害虫?

P.13

大洋
牌。

哪些转基因作物的
种植面积最大?

P.30

肉毒杆菌毒素如
何消除皱纹?

P.29

哪一种大分子是
细胞运作的真正
主角?

P.14

细胞?

P.18

为什么同样的
基因会产生不
同的细胞?

P.16

获得欧洲金
牌一枚,请
继续加油!

蛋白质的结构分
为哪四级?

P.15

图书在版编目（CIP）数据

生物科技：大字版 / 黄嬿伦，巫红霏撰文．—北京：中国盲文出版社，2014.9

（新视野学习百科；55）

ISBN 978-7-5002-5402-7

Ⅰ．①生… Ⅱ．①黄… ②巫… Ⅲ．①生物工程—青少年读物 Ⅳ．①Q81-49

中国版本图书馆 CIP 数据核字 (2014) 第 209091 号

原出版者：暢談國際文化事業股份有限公司
著作权合同登记号 图字：01-2014-2084 号

生 物 科 技

撰　　文：黄嬿伦　巫红霏
审　　订：庄荣辉
责任编辑：高铭坚
出版发行：中国盲文出版社
社　　址：北京市西城区太平街甲 6 号
邮政编码：100050
印　　刷：北京盛通印刷股份有限公司
经　　销：新华书店
开　　本：889×1194　1/16
字　　数：33 千字
印　　张：2.5
版　　次：2014 年 12 月第 1 版　2014 年 12 月第 1 次印刷
书　　号：ISBN 978-7-5002-5402-7/ Q · 37
定　　价：16.00 元
销售热线：（010）83190288 83190292　　　　　版权所有　侵权必究

绿色印刷　保护环境　爱护健康

亲爱的读者朋友：

　　本书已入选"北京市绿色印刷工程—优秀出版物绿色印刷示范项目"。它采用绿色印刷标准印制，在封底印有"绿色印刷产品"标志。

　　按照国家环境标准（HJ2503-2011）《环境标志产品技术要求 印刷 第一部分：平版印刷》，本书选用环保型纸张、油墨、胶水等原辅材料，生产过程注重节能减排，印刷产品符合人体健康要求。

　　选择绿色印刷图书，畅享环保健康阅读！

北京市绿色印刷工程